花果蔬菜

纸上魔方　编绘

北方妇女儿童出版社

长春

图书在版编目（CIP）数据

花果蔬菜 / 纸上魔方编绘. --长春：北方妇女儿童出版社，2018.1

（大自然总动员.第二辑）

ISBN 978-7-5585-0736-6

Ⅰ.①花… Ⅱ.①纸… Ⅲ.①植物—少儿读物Ⅳ.①Q94-49

中国版本图书馆CIP数据核字(2017)第259585号

花果蔬菜

HUAGUO SHUCAI

出 版 人	刘 刚
策 划 人	师晓晖
责任编辑	张 丹 王 贺
开 本	787mm×1092mm 1/12
印 张	4
字 数	80千字
版 次	2018年1月第1版
印 次	2018年1月第1次印刷
印 刷	长春市彩聚印务有限责任公司
出 版	北方妇女儿童出版社
发 行	北方妇女儿童出版社
地 址	长春市人民大街4646号　邮编：130021
电 话	编辑部：0431-86037970　发行科：0431-85640624
定 价	16.80元

目录

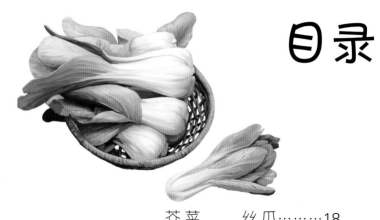

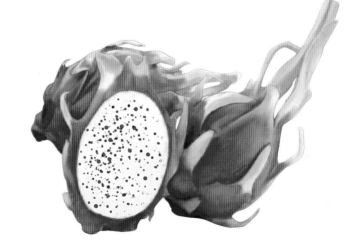

茄子

　　茄子是为数不多的紫色
蔬菜之一，也是餐桌上十分常见
的家常蔬菜，就形状来说，有长茄、圆
茄和矮茄之分，在它的紫皮中含有丰富的维生
素E和维生素P，这是其他蔬菜所不能比的，它在
世界卫生组织推荐的最佳食物中排名第六。

土 豆

　　土豆原产南美洲，又叫马铃薯、洋芋，
是全球五大粮食作物之一。它可是一种十分
重要的食物。因为它能给人提供丰富
的热量，而且营养成分齐全，在
许多国家已经被当作"第

二主食"。同时它还有
一定的美容功能，如果
你不小心被晒伤了，没
关系，切片土豆做个面
膜，效果不错哦。再告
诉你一个小秘密：土豆
蒸着吃更有营养哦！

卷心菜

卷心菜易贮存，是北方人冬天最重要的蔬菜之一。它因菜叶层层包裹，所以又叫包菜。卷心菜的成分中大部分是水分，有较高营养价值，特别富含钾、叶酸等营养元素，对提高人体免疫力大有好处。

洋 葱

又名圆葱、球葱，是我国主要种植的蔬菜之一。最早由西汉张骞出使西域后带到中国。洋葱营养价值较高，炒熟的洋葱略带甜味，可增进食欲，还可防癌抗癌，国外有人称它是"菜中皇后"。在欧洲中世纪，两军作战时，有的骑兵脖子的项链坠是一个洋葱头。因为他们认为洋葱拥有特殊的力量，是一种神奇的护身符，能帮助士兵在战斗中取胜。所以有"胜利的洋葱"的说法。

番茄

番茄又名西红柿，是全世界普遍栽培的果菜之一。番茄味道酸甜，水分较多，既可当水果生吃，也可做蔬菜烹饪，还可制成果酱，是开胃佳品。常吃番茄，可以减少皮肤辐射损伤。

辣椒

辣椒原产墨西哥，明朝末期传入中国，辣椒的果实因果皮含有辣椒素而有辣味，能增进食欲。辣椒中维生素C的含量在蔬菜中居第一位。辣椒既可做主菜，也可做配料。有美国学者研究认为，常吃辣椒可长寿。

菜 豆

　　又名四季豆、芸豆，因它圆润饱满，被中国民间称它为"福豆"，寓意幸福满满，多子多福。菜豆是一种常见的蔬菜，营养丰富，人们很爱吃，需注意的是，一定要将菜豆煮熟再食用，否则会导致食物中毒。

芹 菜

芹菜原产地中海沿岸，已遍布欧洲中部至亚洲东部。我国栽培芹菜始于汉朝，已经有两千多年历史。芹菜有旱芹、水芹之分，它既是蔬菜，也是药材，有助于清热解毒，去病强身。

莴 笋

莴笋又叫青笋。莴笋肥大的茎和细嫩的叶都是可食用的部分。它的茎像一根长长的棒子，外面长着又老又粗的纤维层，但里面却又脆又嫩，味道十分鲜美。

韭 菜

韭菜主要分为叶韭、根韭和花韭。韭菜的叶、茎和薹都是食材，并且具有特殊而强烈的香气，可增进食欲。其所含的粗纤维可促进肠蠕动，能帮助人体消化，可将消化道中的某些杂物包裹起来，随大便排出体外，所以韭菜在民间还被称为"洗肠草"。

藕

藕又称莲藕，它是荷花的根茎，生长在湖泊、池塘的水底，味道微甜，质地脆嫩，可生吃或煎煮。藕也是药用价值相当高的植物，它的根叶、花须、果实都可滋补入药。用藕制成粉，能开胃清热，非常受小朋友的欢迎。

蒜薹

蒜薹又叫蒜毫，是抽薹大蒜长出的茎。大蒜传入中国已有两千多年历史。蒜薹是我国蔬菜冷藏中储量最大、储期最长的蔬菜之一，出口欧美和亚洲国家。江苏射阳县是国家命名的"中国蒜薹之乡"。

白萝卜

白萝卜是一种常见的蔬菜，生食熟食均可，其味略带辛辣。现代研究认为，白萝卜含芥子油、淀粉酶和粗纤维，具有促进消化，增强食欲和止咳化痰的作用，中药认为是"蔬中最有利者"。白萝卜被称为蔬菜佳品，民间有"白萝卜，嘎巴脆，吃了能活百来岁"的谚语。

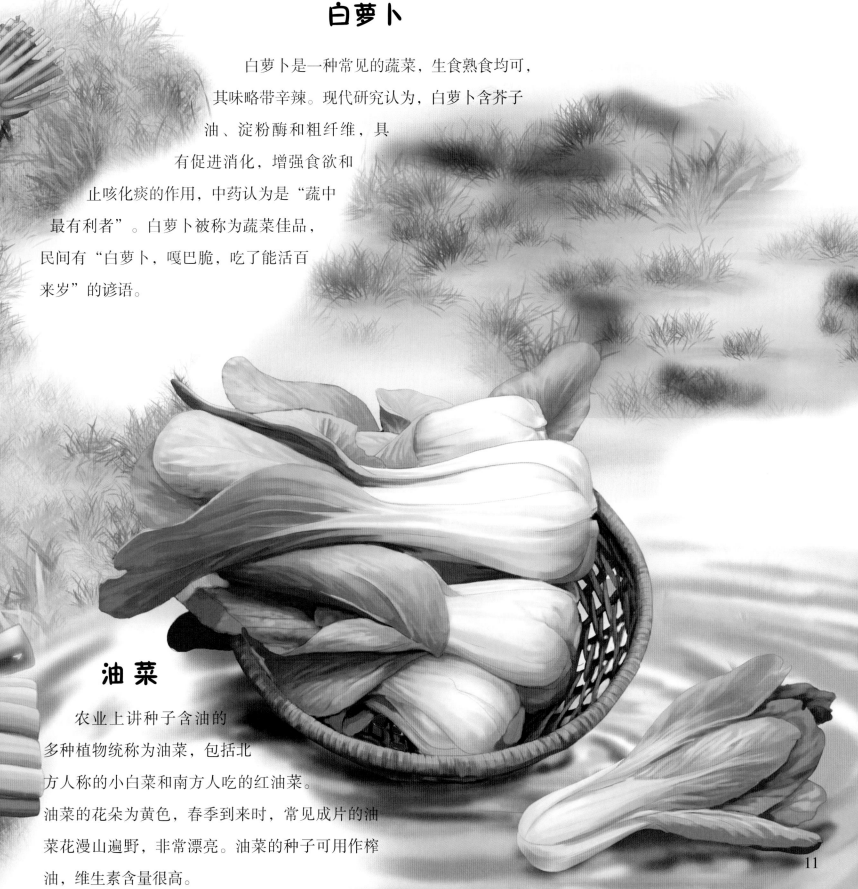

油菜

农业上讲种子含油的多种植物统称为油菜，包括北方人称的小白菜和南方人吃的红油菜。油菜的花朵为黄色，春季到来时，常见成片的油菜花漫山遍野，非常漂亮。油菜的种子可用作榨油，维生素含量很高。

南瓜

南瓜味甘适口，是夏秋季节的瓜菜之一，老瓜可做饲料或杂粮，所以有很多地方又称为饭瓜。南瓜富含胡萝卜素，这种抗氧化物质能帮助人维持敏锐的思考能力，南瓜籽中富含锌，对儿童的成长发育大有好处。我国江南地区有立春吃南瓜迎新春的习俗，而在美国过万圣节时，南瓜则被做成有趣的南瓜灯，备受孩子们的欢迎。

冬瓜

冬瓜易贮存和运输，种植成本低，产量高，在我国普遍种植。冬瓜在夏季成熟之际，表面上有一层白粉状的东西，就像是冬天所结的白霜，故而得名。它的营养非常丰富，富含糖、蛋白质、多种维生素和矿物质，既可食用，又可入药，有清热解暑的作用。

西葫芦

西葫芦又称角瓜，19世纪由欧洲引入我国。形状似黄瓜，表皮有明显的棱，嫩瓜可食用。西葫芦含有丰富的维生素C、葡萄糖等营养物质，尤其是钙的含量极高，对调节人体新陈代谢、减肥具有比较好的效果。

荷兰豆

　　荷兰豆是豌豆的一种，原产泰国、缅甸边境，后由荷兰人带到中国。荷兰豆的豆荚脆嫩清香，营养丰富，有补脾健胃、生津止渴和强身健体的功效。食用荷兰豆时一定要加热煮熟，否则容易中毒。

蒜 黄

　　蒜黄是在不受日光照射的地方（大棚、菜窖等）培育出的黄色大蒜幼苗，主要产于冬春低温时节，与韭黄在外形、口感和吃法上相似。用它烹饪的菜品，香味浓郁，色泽艳丽，营养丰富。但不宜经常食用，容易上火。

油麦菜

油麦菜又叫莜麦菜，含有大量维生素A、B1、B2和大量钙、铁等成分，营养价值很高，是蔬菜中的上品，有"凤尾"之称。油麦菜清香脆嫩，口味独特，可凉拌或炒煮，也可用它涮火锅。

胡萝卜

胡萝卜俗称小人参，它可是个宝，富含很多儿童发育需要的营养素。特别是含有大量的胡萝卜素，对眼睛很有好处，同时有助于增强人体免疫力。

四川民谣说道：红萝卜，蜜蜜甜，盼着盼着要过年。意为当人们开始吃胡萝卜的时候，就快过年了，有喜庆祥和之意。做胡萝卜菜时一定要多放油，最好和肉类一起炒，这样营养成分才能被充分吸收哦。

苦菊

苦菊又名苦苣、苦菜，常被看作野菜，全球都有栽种。苦菊叶边有锯齿，味略苦，颜色碧绿，嫩叶和茎可炒食或凉拌，是清热去火的美食佳品。

豆芽

豆芽是各种豆类种子培育出可食用的芽苗，如黄豆芽、绿豆芽、豌豆芽和蚕豆芽等，中国发明豆芽有两千多年历史，被西方称为中国食品四大发明之一。它品种丰富，营养全面，是常见的蔬菜。

黄花菜

黄花菜又名忘忧草，又因为花蕾和花蕊带有柠檬色，外国人称之为"柠檬萱草"。黄花菜营养价值非常高，能增强人的记忆力和大脑功能，特别是对预防老年人智力衰退有一定的功效。但是鲜黄花菜中含有一种"秋水仙碱"的有毒物质，因此食用时，应先将鲜黄花菜用开水焯过，再用清水浸泡两个小时以上，捞出用水洗净后再进行炒食。

苦瓜

苦瓜因味苦而得名，它的表皮布满"皱纹"。苦瓜虽然味苦，但与其他菜一同炒煮时，苦味并不会传递，所以有人称它为"君子菜"。当你习惯了苦瓜的苦时，你会发现它也是一种美味的蔬菜，更何况它的营养指数也不低，苦瓜中含有清脂素，生吃有减肥的效果。

丝瓜

丝瓜是夏季最常见的蔬菜。丝瓜中含的维生素B1和维生素C等成分，具有保持皮肤弹性、美容除皱的特殊功能，故丝瓜汁有"美人水"之称。成熟的丝瓜中有网状纤维，风干后称为"丝瓜布"，可用于洗刷餐具、灶具和家具，洁净又环保。

芥菜

人们常吃的榨菜、大头菜，都属于芥菜。芥菜可蒸、煮或炒吃，也可腌制成开胃的咸菜。我们经常用作调凉菜的芥末其实就是芥菜的种子磨粉而成。芥菜种子榨出的油，称为芥子油。

雪里蕻

雪里蕻俗称辣菜，是芥菜的变种，叶片大，淡绿色。冬天下霜后，雪里蕻的叶子会变成显眼的紫红色。雪里蕻有抗癌功能，最常见的做法是腌着吃。

雪里蕻腌制后有一种特殊的鲜味和香味，能促进胃肠消化功能，增进食欲，可用来当作开胃菜。

山 药

山药又称薯蓣、土薯，全身灰褐色，长着须子，一点儿也不好看，但它的营养非常丰富，含有蛋白质、淀粉等多种对人健康有益的成分，被誉为"山中之药"。秋冬季节多吃山药，可以有效地滋养身体。

菠菜

菠菜又名波斯菜，最早产于波斯（今伊朗），唐朝时期，菠菜种子从尼泊尔作为贡品传入中国。菠菜富含类胡萝卜素、维生素K、矿物质（钙、铁等）、辅酶Q10等多种营养素，有"营养模范生"之称，吃起来口感柔滑，对人体十分有益。

豌豆

豌豆因为苗长得弯弯曲曲，所以取谐音"弯"而叫豌豆，豌豆苗为绿色，果实豌豆荚为绿色和黄色，豌豆开白色和淡紫色的花，很漂亮，它的嫩叶尖和果实豌豆荚都可以食用。每个豌豆荚中可以生长2~10颗种子，大多为青绿色，也有白、黑、红等颜色，呈圆形，是餐桌上常见的一种菜肴。

豇豆

　　豇豆又叫长豆角，因为它长得又长又细。可炒煮，也可做泡菜，还可晒干做其他菜肴的配料。南方人不仅有吃咸泡豇豆的习惯，还喜欢用干豇豆做烧白的辅料。豇豆含有能促进胰岛素分泌的磷脂，可以参与糖代谢的作用，是糖尿病患者的理想食品。豇豆要烹饪热透食用，不熟的豇豆易导致腹泻、中毒。

白菜

　　俗话说："百菜不如白菜。"白菜品种繁多，通常指大白菜，大白菜水份多，营养十分丰富，含有B族维生素、维生素C、钙、铁、磷和锌等成分，是蔬菜佳品。白菜中也含有丰富的粗纤维，不但可以起到润肠的作用，还有促进排毒的作用，经常吃白菜，还可以起到预防肠癌的良好作用。

空心菜

空心菜的菜梗是空心的，且节节相连，所以又叫藤藤菜、竹节菜，又因它能在水中连片生长，人们又称它过河菜。空心菜口感清香脆嫩，是夏天餐桌上最常见的绿叶蔬菜之一。

花椰菜

花椰菜又叫菜花。花椰菜有白色和绿色两种，绿的又叫西兰花。白花椰菜的花最初呈淡黄色，后来渐渐变成白色。它是一种比较娇气的蔬菜，对不良环境的抵御力较差，但它的营养价值丰富。在《时代》杂志推荐的十大健康食品中排列第四，儿童经常吃，可增强抵抗力，促进生长发育，维持骨骼正常生长，提高记忆力。它有一种特殊的营养素——维生素K。如果你的皮肤碰撞后容易变得青一块、紫一块，那就多吃点花椰菜吧。

苹果

苹果清甜可口，是世界四大水果（苹果、葡萄、柑桔和香蕉）之冠。苹果通常为红色，也有黄色和绿色。苹果富含多种营养素，且苹果中的营养成份可溶性大，易被人体吸收，故有"活水"之称。如果把它做成面膜贴到眼睛上，可有助于消除黑眼圈。

梨

梨多汁，既可食用，又可入药，为"百果之宗"，榨出的梨汁，被称为"天生甘露饮"。有研究发现，吃较多梨的人远比不吃或少吃梨的人感冒几率要低。所以，有科学家和医生把梨称为"全方位的健康水果"或称为"全科医生"。空气污染比较严重，多吃梨可改善呼吸系统和肺功能，保护肺部免受空气中灰尘和烟尘的影响。

24

葡 萄

葡萄原产西亚，世界各地都有栽培，我国新疆等地是传统产区。葡萄不仅味美可口，而且营养价值很高。除了吃新鲜葡萄外，人们还将它做成葡萄干，或是酿成葡萄酒。葡萄味道可口、营养价值高，能够帮助人们改善睡眠，补虚健胃，受到很多人的欢迎。身体虚弱、营养不良的人多吃些葡萄或葡萄干，有助于恢复健康。

提 子

提子是粤语对葡萄的称呼，特指美国葡萄或进口葡萄，因个大、肉汁多、口感好，被看作是葡萄中的"贵族"。提子所含热量较高，提子皮和提子籽内含抗氧化物质，对于心脑血管疾病具有预防作用。

25

香 蕉

香蕉是世界上产量最大的水果之一，中国是世界上最早栽培香蕉的国家之一，香蕉中的钾元素非常丰富，它所含的丰富的钾元素能帮助你伸展腿部肌肉和预防腿抽筋，是名副其实的"美腿高手"。

草 莓

草莓外观呈心形，红嫩鲜美，果肉多汁，且含有多种营养物质，是水果中难得的色、香、味俱全的"小可爱"。草莓含有多种营养物质，尤其是维生素C的含量比苹果、葡萄高7~10倍，因而被誉为"水果皇后"。常吃草莓，可保护视力。

李 子

　　李子外形饱满圆润，玲珑剔透，而且口味甘甜，是人们非常喜欢的一种水果。世界各地广泛栽培。李子中的抗氧化剂含量高得惊人，堪称是抗衰老和防疾病的"超级水果"。不过，李子不可多吃，否则会伤脾胃。

杏

　　杏原产于中国新疆，世界各地均有栽培。杏的营养极为丰富，可防癌抗癌，还能延年益寿。杏可生吃，也可做成果脯，杏仁可榨油。

石榴

据记载，石榴在汉代由张骞从西域引入，可谓历史悠久。石榴剥皮后，会露出一颗颗像珍珠一样的果实，吃起来又脆又甜。中国传统文化视石榴为吉祥物，常被象征多子多福。

枣

枣又叫枣子、大枣，它的果实肉质较厚，味道清甜，可生吃，也可将它晒成干枣，做成果脯等。枣富含丰富的维生素C和维生素P，经常食用可增强身体免疫力。但一次吃得过多，则会伤害消化功能。

荔枝

杜牧的千古名句"一骑红尘妃子笑，无人知是荔枝来"也使荔枝名扬天下。荔枝果皮有鳞斑状突起，鲜红色，果肉新鲜时为半透明凝脂状，它的味道香美滑甜，但不易储藏，离开枝叶后会很快变色变味。荔枝虽然好吃，但多吃会引起上火。

龙眼

龙眼又名桂圆，因其种子圆黑光泽，果肉突起呈白色，看似传说中 "龙"的眼睛，所以得名 "龙眼"。新鲜的桂圆肉质极嫩，汁多甜蜜，美味可口，鲜龙眼烘成干果后即成为中药里的桂圆。龙眼营养丰富，是珍贵的滋养强化剂。常吃龙眼能增强记忆力。

29

椰子

椰子主要分布在亚非拉赤道附近的滨海地区。椰树造型美丽，分为高种和矮种，高种可达30米。椰壳坚硬有纤维，可用于工业；椰肉白而滑脆，可生吃、做菜或榨油；椰汁清凉甘甜，是很受欢迎的饮料。

菠萝

菠萝由巴西传入中国。它的果肉为鲜黄色，营养丰富，水份多，吃起来特别香甜。特别是在吃过油腻食物后，适宜吃些菠萝，可以预防脂肪沉积。吃菠萝前，把菠萝在盐水里泡一泡，能使其中所含的一部分有机酸分解在盐水里，去掉酸味，让菠萝吃起来更香甜。

桃

中国是桃的故乡。因桃肉质鲜美，被称为"天下第一果"，不仅是人类，猴子等动物也对它特别喜爱。民间常用桃来象征高寿。

西瓜

西瓜由西域传入中国，中国西瓜产量居世界之首。西瓜富含营养和水分，是炎热夏季人们最喜爱的水果之一，被称作"盛夏之王"。沙土种出的西瓜最甜，品种最好。

橘 子

橘子皮薄肉多，汁水酸甜可口 。橘汁中含有一种名为"诺米林"的物质，具有抑制和杀死癌细胞的能力，对胃癌有预防作用。橘子的外果皮晒干后叫"陈皮"，是一种中药材。而橘瓣上面的白色网状丝络叫"橘络"，含有一定量的维生素P，有化痰、理气等功效。

柚 子

柚子的果实硕大，最重可达3千克。在西双版纳，柚子被人称为"泡果"。柚子清香、酸甜、凉润，营养丰富，药用价值很高，是人们喜食的水果之一，也是医学界公认的最具食疗效果的水果。

芒 果

芒果因其果肉细腻，风味独特，深受人们喜爱，所以素有"热带果王"之美誉。芒果所含有的胡萝卜素成分特别高，是所有水果中少见的，对眼睛特别有好处。

菠萝蜜

菠萝蜜是热带水果，原产印度，是世界上最重的水果，一般重达5~20千克，最重超过59千克。菠萝蜜树形整齐，果实形状奇特，大若冬瓜，长椭圆形，皮像锯齿，长着六角形的"瘤"，上面有软刺，果肉香甜爽滑，有特殊的蜜香味。

杨桃

杨桃又叫阳桃、洋桃，是一种热带水果，它全身黄绿色，轮廓为长椭圆形，上面长有3~5个棱，样子看起来比较特别，就像一个立体的叶片转轮。杨桃的营养价值非常高。有生津消烦、醒酒和助消化等功效。

木瓜

《诗经》中的名句"投我以木瓜，报之以琼琚"。可见木瓜在我国的种植历史久远。它的果实呈长椭圆形，果肉为暗黄色，气味芳香，吃起来酸中微微带点涩涩的感觉。木瓜含有大量的胡萝卜素，常吃可以达到防癌的功效，而且由于木瓜本性温和，营养成分更容易被人体吸收，让皮肤变得光洁柔嫩，所以有润肤美容的功效。

番石榴

番石榴的果皮为乳青色，极其漂亮，果肉有白色、红色和黄色等，它的肉质细嫩，吃起来清脆香甜、爽口舒心，且富含大量的钾、铁、胡萝卜素等营养素，是养颜美容的极佳水果。

榴 莲

榴莲是一种热带水果，被誉为"水果之王"。它的果皮坚实，身上穿着长满三角形刺的"盔甲"，果肉为淡黄色。当它被打开放置于空气中时，常常散发出让人皱眉、不太舒服的气味，这使许多人对它望而却步。但是，当你吃了第一口以后，就会被榴莲那种特殊的回味和质感所吸引，令你欲罢不能，真可谓是一种又臭又好吃的水果了。榴莲全身是宝，果肉含有丰富的蛋白质和脂类，对人体有很好的补养作用，用它的果壳煮汤，则是很好的滋补品。

神秘果

神秘果原产西非，是典型的热带水果。神秘果大小和颜色类似枸杞。它有一种神奇的改变人的味觉的功效，能使酸面包变得甜而可口。当你吃过酸、辣、苦、咸的食物之后，嚼上几个神秘果，嘴巴里立刻就会变得甜滋滋，怎么回事呢？原来这是因为神秘果中含有一种能改变味道的糖蛋白。

红毛丹

红毛丹又名毛荔枝，中国仅海南有少量生产，大部分从东南亚进口。马来语中红毛丹意为"毛茸茸的果子"。它的果实营养丰富，生吃酸甜可口，有点像荔枝的味道，也可做成罐头、蜜饯等，果壳可泡茶。

枇杷

枇杷因叶子形状像乐器琵琶而得名。枇杷果柔软多汁，风味酸甜，它是营养丰富的保健水果，可以帮助治疗肺热咳喘等病症。

柠檬

柠檬中含有丰富的柠檬酸，因此被誉为"柠檬酸仓库"。因为味道特酸，所以一般只能作为上等调味料，用来调制饮料、菜肴、化妆品和药品。当然也可以用鲜果压榨出果汁，再配以糖、冰块和水制作成柠檬汁，喝起来酸酸甜甜，散发的幽幽清香令人心神清爽，还有美容养颜的作用呢！

腰果

腰果是世界四大干果之一，因形状像动物肾脏而得名。腰果的果壳坚硬，果仁香脆可口，常吃能防衰老和抗癌，多用于制腰果巧克力、点心和油炸盐渍食品，还可用来榨油。

山竹

成熟的山竹表皮是紫黑色，有一段小小的果柄和黄绿色的果蒂，看起来就像一个胖嘟嘟的娃娃脸，很可爱。果肉雪白嫩滑，像蒜瓣紧密地排列着，吃起来味道酸甜爽口。山竹中所含有的蛋白质与脂类非常丰富，对于人体具有很好的补充营养的作用。

莲雾

莲雾在海南被称为"甜不"或"扑通"，它的外形上圆下窄，整体像个圆锥形，色泽鲜艳，有的为青色，有的为红色。它的果实顶端扁平，下垂状表面有蜡质的光泽。果肉呈海绵质，散发出淡淡的苹果香味。莲雾富含蛋白质、脂肪、碳水化合物及钙、磷、钾等矿物质，对治疗咳嗽、哮喘有一定的效果。

香瓜

香瓜又叫甜瓜，原产非洲热带沙漠地区，北魏时从西域传到中原。香瓜闻起来清香怡人，外观圆润可爱，瓜肉味道甜美，有清热解暑的作用。

海棠果

海棠果因果实上有八道突起的棱状，又被称为"八棱海棠"，它的外形像苹果，但比苹果小，果皮色泽鲜红夺目，果肉呈黄白色，吃起来酸甜香脆，有健脾开胃的作用，除了生吃之外，海棠果还可做成蜜饯、果酱和酿酒。

山楂

山楂又名山里红，山楂树个头儿很高，最高达6米。山楂果实红圆可爱，味道酸甜，可生吃或做果脯，并可制成抗癌作用较强的药物。

猕猴桃

　　猕猴桃因猕猴喜食而得名，又叫奇异果。它外观呈绿褐色，表皮覆盖浓密绒毛，并不起眼，但是打开来看，翡翠绿的果肉会让你眼前一亮，尝上一口，肉质柔软，口感酸甜，有点像菠萝、香蕉和草莓的味道，爽滑中带着一份筋道的感觉。猕猴桃含有丰富的矿物质，包括丰富的钙、磷、铁、镁，还有胡萝卜素和多种维生素，对保持人体健康具有重要的作用。

桑葚

桑葚又叫桑泡儿，由多个饱含水分的小球体构成，熟透的果实为紫红色，桑葚泡酒饮用，桑叶用于养蚕。

脐橙

脐橙又名甜橙，它色泽明丽，手感光滑，散发出诱人的香气，即使不剥皮置之，也是幽香满室，果肉呈橘子般的大瓣状，食之酸甜可口，是深受人们喜爱的果品。

杨 梅

杨梅因其形似水杨子、味道似梅子，因而取名杨梅。杨梅是我国特产水果之一，素有"初凝一颗值千金"之美誉。杨梅果实色泽鲜艳，汁液多，甜酸适口，营养价值高，既可鲜吃，又可做成罐头、蜜饯果品，具有生津止渴，帮助消化的功能。

甘 蔗

甘蔗分紫皮甘蔗与青皮甘蔗两种，由于它有清热生津的功效，所以，古人称甘蔗汁为"天生复脉汤"，它是制糖的主要原料。甘蔗下半截要更甜，这是因为在甘蔗的生长过程中，它吸取的养料除了供自身生长消耗外，大多贮藏在根部。

44

火龙果

火龙果又称红龙果。它因外表像一团愤怒的红色火球而得名。它的果肉多为白色，内有黑色的芝麻状种子，不仅味道甜美，而且清香怡人。火龙果含有一般植物少有的植物性白蛋白及花青素，具有抗衰老的作用。

人参果

还记得《西游记》中的人参果吗？那可是神奇的鲜果哦！不过，在我们的现实生活中的确也有人参果，它的外形似人的心脏，成熟时果皮呈金黄色，有的带有紫色条纹，果肉清香多汁，腹内无核，风味独特。经常食用，可以起到很好的保健作用。

金 桔

金桔较普通橘子略小，味甜，香味浓郁，可连皮一起生吃。除了食用，金桔树也是园林观赏树木。

哈密瓜

哈密瓜又名雪瓜，以新疆所产最为著名，故称新疆哈密瓜。世界温带、热带地区广泛栽种。哈密瓜有"瓜中之王"的美称，不仅味道甜美，而且很有营养，其中铁的含量比牛奶高十余倍。

樱 桃

樱桃比金桔还要小，外表色泽鲜艳、晶莹美丽，红的如玛瑙，黄的如蜜蜡，富含糖、蛋白质、维生素及钙等多种营养物质，尤其是含铁量较高，多吃可以缓解贫血症状。